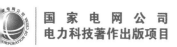

国家电网公司
电力科技著作出版项目

国家风光储输示范工程

储存风光 输送梦想

绿色环保

中国电机工程学会
北京电机工程学会 ◎组编

U0246614

中国电力出版社
CHINA ELECTRIC POWER PRESS

图书在版编目（CIP）数据

绿色环保 / 中国电机工程学会，北京电机工程学会组编 . —北京：
中国电力出版社，2018.9

（国家风光储输示范工程　储存风光　输送梦想）

ISBN 978-7-5198-2007-7

Ⅰ . ①绿… Ⅱ . ①中… ②北… Ⅲ . ①新能源－发电－电力工程－
工程技术 Ⅳ . ① TM6

中国版本图书馆 CIP 数据核字（2018）第 084362 号

审图号：GS（2014）5350 号

出版发行：中国电力出版社
地　　址：北京市东城区北京站西街 19 号（邮政编码 100005）
网　　址：http://www.cepp.sgcc.com.cn
责任编辑：石　雪（010-63412557）
责任校对：朱丽芳
装帧设计：锋尚设计
责任印制：蔺义舟

印　　刷：北京盛通印刷股份有限公司
版　　次：2018 年 9 月第一版
印　　次：2018 年 9 月北京第一次印刷
开　　本：710 毫米 ×980 毫米　16 开本
印　　张：3.75
字　　数：61 千字
定　　价：25.00 元

版 权 专 有　侵 权 必 究

本书如有印装质量问题，我社发行部负责退换

国家风光储输示范工程
储存风光　输送梦想
编委会

主　　编　郑宝森

副 主 编　谢明亮　黄其励　田　博　赵　焱　钟鲁文

执行主编　肖　兰

委　　员（按姓氏笔画排序）

于德明　马　力　王　平　王　权　王银明　邓　春　刘广峰

刘少宇　刘汉民　闫忠平　李鹏举　肖　兰　张世才　张雁忠

陈龙发　郑宇清　郑　林　赵希辉　郝富国　姚万峰　秦　源

徐　明　高明杰　高　峰　高舜安　雷为民

策　　划　肖　兰　王　平　呼　唤　何　郁　周　莉　曹　荣　杨宇静

审稿人员（按姓氏笔画排序）

王　平　王金萍　王　馨　邓　春　白晓民　伍晶晶　刘　辉

许晓艳　李京梅　李建林　李　娜　李　智　李群炬　杨校生

肖　兰　吴　涛　张东晓　张艳丽　陈　豪　周昭茂　周　缨

孟玉婵　赵　雷　郭　亮　蔡志刚　翟立原　戴雨剑

照片及绘图　呼　唤

绿色环保
编委会

主　　编 郑　林

副主编 翟化欣　刁　嘉

委　　员 李　龙　张改利　隋晓雨　葛林耀　曲兆旭　刘景超　曹俊磊

编写人员 石　雪　王　婧　岳巍澎　李久林　聂丽萍　魏宏杰　王　杨

前 言

　　高度重视科学普及，是习近平总书记关于科学技术的一系列重要论述中一以贯之的思想理念。2016年，习近平总书记在"科技三会"上发表重要讲话，强调"科技创新、科学普及是实现创新发展的两翼，要把科学普及放在与科技创新同等重要的位置"。

　　电力是关系国计民生的基础产业，电力供应和安全事关国家安全战略和经济社会发展全局。电力科普是国家科普事业的重要组成部分。当前，电力工业发展已进入以绿色化、智能化为主要技术特征的新时期，电力新技术不断涌现，公众对了解电力科技知识的需求也不断增长。《国家风光储输示范工程　储存风光　输送梦想》科普丛书由中国电机工程学会、北京电机工程学会共同组织编写，包括电力行业知名专家学者、工程管理人员、一线骨干技术人员在内的100余位撰稿人、80余位审稿人参与编撰，是我国乃至世界第一套面向公众，全面介绍风光储输"四位一体"新能源综合开发利用的科普丛书。

本套丛书以国家风光储输示范工程为依托，围绕公众普遍关注的新能源发展与消纳、能源与环保等热点问题，用通俗易懂的语言精准阐述科学知识，全方位展现风力发电、光伏发电、储能、智能输电等技术，客观真实地反映了我国新能源技术发展的科技创新成果，具有很强的科学性、知识性、实用性和可读性，是中国电机工程学会和北京电机工程学会倾力打造的一套科普精品丛书。

　　"不积小流，无以成江海"。希望这套凝聚着组织策划、编撰审校、编辑出版众多工作人员辛勤汗水和心血的科普丛书，能给那些热爱科学，倡导低碳、绿色、可持续发展的人们惊喜和收获。展望未来，电机工程学会要继续认真贯彻习近平总书记关于科普工作的指示精神，切实增强做好科普工作的责任感、使命感，以电力科技创新为引领，以普及电力科学技术为核心，编撰出版更多的电力科普精品图书，为电力行业创新发展，为提高全民科学素质作出新的更大贡献！

郑宝森

2018年6月

目录 | CONTENTS

前　言

CHAPTER 1

无所不在的能源

　　近年来，"霾来了"成为了生活中的热点词汇，汽车限行、工厂限产，连胡同中的煤炉都改成了电锅炉。"清洁化""电气化"正在悄然改变着我们的生活。那么，你知道雾霾是怎么形成的吗？它与能源有什么关系？为什么要发展清洁能源？带着这些问题，让我们一起走近能源。

认识能源

能源指能够直接取得或通过加工、转换而取得有用能的各种资源。

我们熟知的能源包括太阳能、水能、风能、化石能、地热能、潮汐能等。其中，水能、风能、化石能都来自太阳的能量；地热能、原子能来自地球本身蕴藏的能量；潮汐能来自地球与月球相互作用而产生的能量。

能源无处不在，并且呈现出多种具体形式。按照不同的分类标准，能源可分为以下几类：

● **按照转化与否，**分为一次能源和二次能源。一次能源是指从自然界取得未经改变或转变而直接利用的能源，如煤炭、石油、天然气、水能、生物质能、太阳能、风能等。二次能源是指由一次能源经过加工直接或转换得到的能源，如电力、蒸汽、煤气、石油制品等。

● **按照可再生与否，**分为可再生能源和非可再生能源。可再生能源是指在自然界中可以不断再生并有规律地得到补充或重复利用的能源，如水能、风能、太阳能、生物质能等。非可再生能源是指储量有限，随着不断地开发利用终究要耗尽的能源，如煤炭、石油、天然气等。

● **按照清洁与否，**分为清洁能源和非清洁能源。清洁能源是指在生产和使用过程中不产生有害物质排放的能源，如风能、太阳能等。非清洁能源是指在使用中产生有害物质排放、对环境污染较大的能源，如煤炭、石油等。

● **按照普及与否，**分为常规能源和新能源。常规能源是指在现阶段已大规模生产和广泛使用的能源，也称为传统能源，如水能、煤炭、石油、天然气等。新能源是指在新技术基础上系统地开发利用的能源，如太阳能、风能、地热能、海洋能等。

在原始社会，人类通过钻木取火获得热能，迎来了文明社会的曙光；18世纪，人们利用燃煤发明和使用蒸汽机，引发了欧洲的工业革命；随后，水能、煤炭、石油、天然气等常规能源的使用，极大促进了社会经济的发展，并且产生了点亮生活的电能，改变了人类生活的全貌；如今，风能、太阳能、生物质能等新能源快速发展，更为人类解决能源问题找到了出路。

钻木取火

我们的祖先通过火山爆发、打雷、闪电等自然现象认识了火，智慧的人类学会了钻木取火。钻木取火就是根据摩擦生热的原理，将小木杆的一端接触到大块木头上，通过快速转动小木杆，使之与木头接触的地方由于快速摩擦而将动能转化为热能，不断提升温度，当温度达到木头的燃点时，就会产生火苗，并用此引燃疏松的干草或皮毛等易燃的材料，这样就实现了人工取火。

▲ 钻木取火

煤炭

　　煤炭是人类最早大规模开发利用的化石能源，也是世界上蕴藏量最丰富的化石能源，简称煤。煤是如何形成的呢？千百万年来植物的枝叶和根茎，在地面上堆积成极厚的黑色腐殖质，由于地壳的变动不断地被埋入地下，长期与空气隔绝，并在高温高压下，经过一系列复杂的物理化学变化，最终形成了煤。

　　中国是煤炭储藏和生产大国，也是煤炭发现较早的国家。在沈阳新乐遗址发掘出土的新石器时代的煤精制品就说明了这一点。古书中也有很多关于煤（碳）的记载。宋代的苏轼在《石炭》中写道："彭城旧无石炭，元丰元年十二月始遗人访获于州之西南白土镇之北，以冶炼作兵，犀利胜常也。"在那个时候，煤炭除了用来取暖，还可以用来炼铁。

▲ 煤炭　　　　　　　　　　　▲ 沈阳新乐遗址出土的煤精制品

石油

　　石油是从地下开采出来的，以碳氢化合物为主要成分的有色可燃性油质液体矿物。石油的形成依靠自然的力量。在远古的海洋里，生活着很多水生动物。当这些生物一代一代离世，它们的尸骸就变成了化石，加上海水中盐分和水压的作用，尸骸上的脂肪和蛋白质逐渐液化，变成了石油。

　　石油一词最早出现在宋代沈括的《梦溪笔谈·杂志一》中："鄜延境内有石油，旧说高奴县出脂水，即此也。"石油最初用于照明。明代李时珍的《本草纲目·石一·石脑油》记载："石油所出不一。国朝正德末年，嘉州开盐井，偶得油水，可以照夜，其光加倍。"

▲ 沈括画像

▲ 李时珍画像

如今，石油已成为世界的主要能源之一。它既是为汽车、内燃机车、飞机与轮船等交通工具提供优质动力燃料的原料，也是提供优质润滑油的原料，还是重要的化工原料，尼纶等合成纤维、洗衣粉、人造皮革、化肥、炸药等都是由石油产品加工而成的，就连炼油后剩下的石油焦和沥青也都可以为我们所用。因此，石油被誉为"现代工业的血液"。

▲ 大庆油田上正在开采石油的抽油机（俗称"磕头机"）

天然气

天然气指贮存于地层较深部的一种富含碳氢化合物的可燃气体，由亿万年前的有机物质转化而来，主要成分是甲烷。天然气是一种高效、清洁的能源，主要被用作燃料和原料。

根据形成和分布特点，天然气可分为常规气和非常规气两种。前者是以前我们所认知、已有悠久勘探开发历史的天然气；后者主要包括页岩气、煤层气、致密砂岩气、水溶气及可燃冰等。

可燃冰又称为天然气水合物，具有储量丰富、能量密度大、燃烧利用污染排放少等优点，通常分布在海洋大陆架外的陆坡、深海、深湖及永久冻土带上。据估算，全球可燃冰资源总量约为20000万亿米^3。中国已先后在南海、东海及青藏高原冻土带发现可燃冰，仅南海北部的可燃冰储量已相当于陆上石油储量的一半。

页岩气是指在黑色页岩地层中，以多种方式存在且能够进行商业开发的天然气，其成分与用途与我们通常所说的天然气完全相同。但是，页岩中的气体常被有机质或矿物紧紧"吸"住，很难有机会脱离。怎样才能让这些黑色页岩"出气"呢？科学家们提出了通过大型压裂来提高页岩气产量的方法，后来又将水平钻井技术应用到了页岩气的开发中。

▲ 像书页一样的页岩

▲ 显微镜下页岩生成的油气

▲ 野外竖立的钻井架

知识链接

黑色页岩除了产气还能干什么？

黑色页岩具有广泛的应用领域。除了生成页岩气之外，还是各油田区中生成石油与天然气的基本物质。在辽宁、广东、新疆等省（自治区）露出的黑色页岩还可以用于直接提炼石油。在中国南方广大地区，特别是在贵州、湖南、重庆三地交界附近，黑色页岩中就含有丰富的锰、钒、铬、镍、锌等金属矿产。黑色页岩是廉价易得的建筑材料，也是工业颜料、陶粒等产品的原料，还可以用作工业吸附剂等。

清洁能源

　　清洁能源主要包括风能、太阳能、水能、生物能、氢能、海洋能、地热能等，全球水能、陆地风能、太阳能资源分别超过100亿千瓦、1万亿千瓦、100万亿千瓦，仅开发其中万分之五就可满足全球能源需求；中国仅开发千分之一就能满足能源需求。

▼ 风力发电

风力发电是通过风力发电机组将风能转换成电能的发电方式，是风能资源利用的基本形式。

▼ 太阳能光伏发电

太阳能发电主要有太阳能光伏发电和太阳能光热发电两种基本方式。前者通过光电器件将太阳光直接转换为电能；后者是先将太阳辐射能转换为热能，然后再按照某种发电方式将热能转换为电能。

▼ 潮汐能发电

潮汐是在月球和太阳的引力作用下，海水发生周期性相对运动，潮位有涨有落的现象。潮汐能发电是指利用海水面昼夜间涨落中的势能和动能发电的技术，包括潮差发电和潮流发电两种。图中是1985年建成的浙江温岭江厦潮汐电站。

电能作为二次能源为我们提供动力、照明，可转化为热能、机械能、化学能、光能等，并且可以快速、大规模地输送。因此，电能位居现代能源体系的核心。

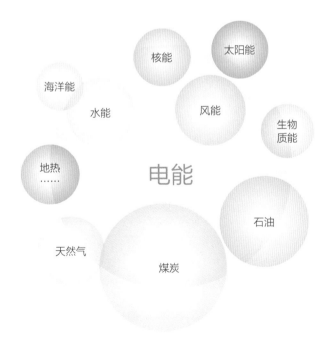

▲ 电能的核心地位

　　不同形式的能量之间还能实现互相转换，瞬间实现"变脸"。例如汽车行驶是由发动机的汽油通过燃烧将化学能转换为热能，热能通过气缸转换为机械能带动汽车运动。水力发电是将水的势能和动能转变为机械能，利用水轮发电机组将机械能转化为电能。

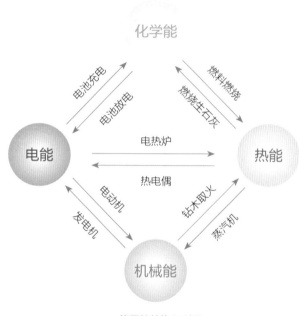

▲ 能量的转换和利用

能源的分布

　　化石能源在全球分布很不均衡，煤炭资源95%分布在欧洲及欧亚大陆、亚太、北美等地区，石油资源80%分布在中东、北美和中南美，天然气资源70%以上分布在欧洲及欧亚大陆、中东地区。

　　中国化石能源资源以煤炭为主，石油、天然气等资源相对贫乏，化石能源剩余探明可采储量总计约为896亿吨标准煤，其中煤炭占91.2%、石油占3.9%、天然气占4.9%。

图 例
北美
中南美
欧洲及欧亚大陆
中东
非洲
亚太

石油
煤炭
天然气

▲ 世界煤炭、石油、天然气分布示意图
注：本图区域划分依据英国石油公司（British Petroleum，BP）统计口径。
　　资料来源:《全球能源互联网》(ISBN：978-7-5123-7052-4)

煤炭

欧洲及欧亚大陆的煤炭储量最为丰富，其次是亚太地区。

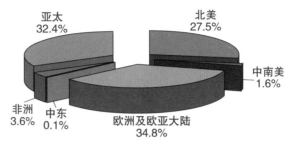

▲ 2013年全球煤炭剩余探明可采储量地区分布
资料来源：《全球能源互联网》(ISBN：978-7-5123-7052-4)

石油

世界石油资源分布很不均衡，中东、中南美和北美地区石油资源最为丰富；欧洲及欧亚大陆、非洲和亚太等其他地区储量较小。

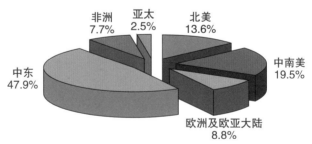

▲ 2013年底全球石油剩余探明可采储量地区分布
资料来源：《全球能源互联网》(ISBN：978-7-5123-7052-4)

天然气

天然气是相对清洁的化石能源，但其分布很不均衡，主要集中在中东、欧洲及欧亚大陆地区。

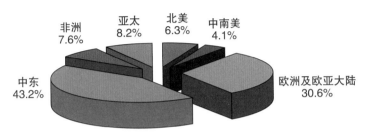

▲ 2013年全球天然气剩余探明可采储量地区分布
资料来源：《全球能源互联网》（ISBN：978-7-5123-7052-4）

全球清洁能源分布也很不均衡。水能资源主要分布在亚洲、南美洲、北美洲、非洲中部的主要流域；风能资源主要分布在北极、亚洲中部及北部、欧洲北部、北美中部、非洲东部及各洲近海地区；太阳能资源主要分布在北非、东非、中东、大洋洲、中南美洲等赤道附近地区。

水能

水能是目前技术最成熟、经济性最高、已开发规模最大的清洁能源。据世界能源理事会统计，全球水能资源理论蕴藏量为39万亿千万·时/年，主要分布在亚洲、南美洲、北美洲等地区。中国是世界上水能资源最为丰富的国家之一，主要集中在长江、雅鲁藏布江、黄河三大流域。

世界各大洲水能资源量　单位：万亿千瓦·时/年

地区	理论蕴藏量	技术可开发量
亚洲	18.31	7.20
欧洲	2.41	1.04
北美洲	5.51	2.42
南美洲	7.77	2.87
非洲	3.92	1.84
大洋洲	0.65	0.23

资料来源：世界能源理事会，World Energy Resources：2013 survey。

风能

全球风能资源丰富，但分布很不均衡，非洲、亚洲、北美洲、南美洲、欧洲、大洋洲分别占全球风能理论蕴藏量的32%、25%、20%、10%、8%、5%。中国风能资源主要集中在"三北"地区（西北、东北、华北）、东南沿海及附近岛屿。

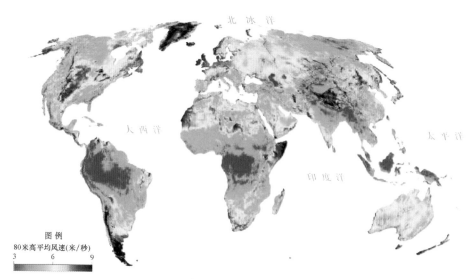

▲ 全球风能资源分布示意图
资料来源：《全球能源互联网》（ISBN：978-7-5123-7052-4）

太阳能

太阳能发电是太阳能开发利用的最主要方式。德国、美国、日本等国家和地区太阳能发电起步较早、发展较快、规模较大。中国太阳能发电虽然起步较晚，但发展速度快，截至2017年底，累计装机容量达到13025万千瓦，居世界第一位。

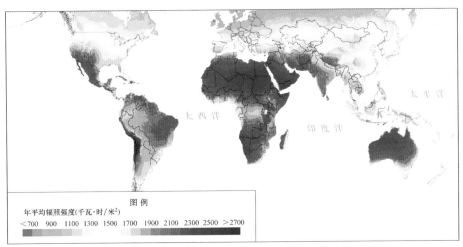

▲ 全球太阳能资源分布示意图
资料来源：《全球能源互联网》（ISBN：978-7-5123-7052-4）

能源与环境

　　能源，是现代文明的支柱，不合理的利用也会带来环境污染、气候变化等问题。雾霾、温室效应等引发的生态环境变化，制约了人类现代化进程。

雾霾

　　近年来，"雾霾"这位不速之客突然间闯入了我们的生活，它所带来的严重影响更让我们"谈霾色变"。那么雾霾到底是什么？又是如何形成的呢？

　　雾和霾还是有区别的。雾是空气中的自然的水汽凝结现象，会随着天气变化移动和消散，只会影响能见度，而不会对人体造成伤害；霾是排放到空气中的尘粒、烟粒或盐粒等气溶胶的集合体，是大气污染所导致，其不易消散，甚至会逐渐累积，对人体会产生一定危害。只有"等风来"才能彻底将它赶走。

　　在静稳天气条件下，低空中的水汽和颗粒物不易扩散，大气中的固态和液态颗粒物浓度逐渐增大，就形成了雾霾天气。同时，雾霾天气使近地层大气更加稳定，又加剧了雾霾发展。

名词解释

静稳天气

　　静稳天气即平静、稳定的天气，通常是指近地面风速较小，低层大气的动力热力特征表现为大气层结稳定。"静"主要是指水平方向风速较小，污染物不易扩散；"稳"主要是指垂直方向层结较稳定，低层大气与中层大气垂直交换较少。

常用来衡量雾霾严重程度的指标之一就是PM2.5浓度。PM2.5是指大气中直径小于或等于2.5微米的颗粒物，也称为可入肺颗粒物，其直径不到人的头发丝粗细的1/20。与较粗的大气颗粒物相比，PM2.5粒径小，含有大量的有毒、有害物质，且在大气中停留时间长、存在范围广，对人体健康和大气环境质量的影响大。中国京津冀、长三角、珠三角等地区是PM2.5污染的重点地区，其PM2.5主要来源于工业生产、汽车尾气排放等过程中经过燃烧而排放的残留物。

汽车尾气排放

工业排放

▲ PM2.5的主要来源

雾霾对空气及环境的影响非常大。当污染物出现长时间堆积，发生光化学反应，就有可能导致恶性大气污染事件。据世界卫生组织调查，世界范围内1600个城市中，仅有12%的城市的空气质量符合世界卫生组织标准，一些发展中国家的城市空气PM2.5浓度超标4~12倍。

1943年7月26日清晨，洛杉矶的空气中弥漫着浅蓝色的浓雾，走在路上的人们闻到了刺鼻的气味，很多人把汽车停在路旁擦拭不断流泪的眼睛。这是洛杉矶有史以来第一次遭受到雾霾的攻击，从此开始了一场长达半个世纪的雾霾战争。

▲ 1943年，洛杉矶雾霾

▲ 1952年，伦敦浓雾锁城

1952年，英国出现骇人听闻的"伦敦烟雾事件"，大雾笼罩城市，仅4天时间死亡人数就达4000多人，之后的两个多月又有8000多人陆续丧生。

2013年，中国开始发生大范围持续雾霾天气。据统计，受雾霾影响的区域包括华北平原、黄淮、江淮、江汉、江南、华南北部等，受影响面积约占国土面积的1/4，受影响人口约6亿人。

▲ 2013年，中国"谈霾色变"

温室效应

人类大量使用化石燃料使得大气中温室气体浓度上升，最终形成一种无形的罩子，使太阳辐射到地球上的热量无法向外层空间扩散，导致地球表面温度升高，这就是温室效应。1880~2012年，全球地表平均温度大约升高了0.85℃。2016年1月25日，世界气象组织发布公报称2015年是有气象记录以来最热的年份。

名词解释

温室气体

温室气体是指大气中由自然或人为因素产生并释放的，能够吸收地球表面、大气和云层所辐射的红外谱段特定波长辐射，或通过化学转化而造成近地层增温的气体成分。地球大气中的温室气体主要包括水汽、二氧化碳、氧化亚氮、甲烷和臭氧。

温室效应造成的全球气候变化也给人类及生态系统带来了种种灾难：极端天气、冰川消融、永久冻土层融化、珊瑚礁死亡、海平面上升、生态系统改变、旱涝灾害增加等。

▲ 北极海冰融化加剧，海象家园受到威胁

知识链接

厄尔尼诺现象

厄尔尼诺现象又称厄尔尼诺海流，是太平洋赤道带大范围内海洋和大气相互作用后失去平衡而产生的一种气候现象，主要指太平洋东部和中部热带海洋的海水温度异常地持续变暖，使整个世界气候模式发生变化，造成一些地区干旱而另一些地区又降雨量过多。这种现象往往持续好几个月甚至1年以上，影响范围极广。

对于中国来说，厄尔尼诺易导致暖冬，南方易出现暴雨洪涝，北方易出现高温干旱，东北易出现冷夏。比起单纯的气温变化，极端天气更容易引发危险。

自1949年有记录以来，1949～1951年、1954～1956年、1964～1966年、1970～1971年、1973～1976年、1984年底～1985年、1988～1989年、1995～1996年、1998年底～2000年初、2007年底～2008年、2010年底～2012年都发生了厄尔尼诺现象，令太平洋东部至中部的海水温度比正常低了1～2℃。

生态环境发生变化

日益增长的能源需求与日渐紧张的能源供应是一对"冤家"。曾几何时，四季的特征不再明显、越来越多的物种从濒危走向灭绝、河流出现枯竭、人类面临淡水危机……曾经富饶美丽的"地球村"，逐渐变得满目疮痍，人类也要为能源的过度开采和使用付出代价。

温室效应导致气候变暖，全球海平面不断上升，甚至威胁到人类的生存。印度洋岛国马尔代夫是全球闻名的旅游胜地，仿佛是印度洋上的一串明珠。该国平均海拔仅1.2米，80%的国土海拔不超过1米。据联合国政府间气候变化专门委员会估算，到2100年，这个"人间天堂"将被上升的海平面彻底淹没。

随着现代社会的人口增长、工农业生产活动和城市化的急剧发展，水质污染问题日渐突出。水污染源主要包括工业污染源、农业污染源、矿山污染源和生活污染源。其中，工业污染源主要是指工业废水；农业污染源包括牲畜粪便、农药、化肥等；矿山污染源包括矿坑排水、矿石及废石堆所产生的淋滤水、矿山工业和生活废水、矿石粉尘、燃煤排放的烟尘和SO_2以及放射性物质的辐射等；生活污染源包括城市生活中使用的各种洗涤剂和污水、垃圾、粪便等。水质污染影响工业生产、增大设备腐蚀、影响产品质量，甚至使生产不能进行下去。同时，水质污染对人类的健康也造成很大影响，据世界卫生组织2018年发布的一份报告显示，受污染的饮用水估计每年造成超过50万例腹泻死亡。

▲ 马尔代夫局部鸟瞰图

▲ 工业废水排放导致水质污染

受气候变暖等因素的影响，祁连山最大的山谷冰川——透明梦柯冰川（又叫老虎沟12号冰川），以年均6米以上的速度在退缩。中国科学院祁连山冰川与生态环境观测研究站的监测表明，50余年中，这个冰川退缩了300余米。

▲ 祁连山上升的雪线

在开采过程中，因将原生矿体和伴生的废石采出后，形成大小规模不等的地下空间，在重力作用和地应力不均衡等因素的影响下，首先在采空区域产生地裂缝，逐渐发展为采空区的地面塌陷。

▲ 矿区塌陷

问与答

问题1：能源的能量来自于哪里？

答：我们熟知的能源包括太阳能、水能、风能、化石能、地热能、潮汐能等。其中，水能、风能、化石能都来自太阳的能量；地热能、原子能来自地球本身蕴藏的能量；潮汐能来自地球与月球相互作用而产生的能量。

问题2：雾霾是如何形成的？

答：雾霾的形成既有"源头"，也有"帮凶"。"源头"多种多样，比如汽车尾气、工业排放、建筑扬尘、垃圾焚烧，甚至火山喷发等，当它们向大气中排放的废气、颗粒物等污染物累计到一定程度时，"帮凶"的出现，更将会加剧雾霾的形成。这位"帮凶"即是不利于污染物扩散的气象条件，包括均匀的气压场、静风或较小的风速、适合的温度和湿度等。此外，"源头"和"帮凶"还会互相影响，进一步加剧雾霾的发展和影响。

问题3：为什么要大力发展清洁能源？

答：清洁能源是指在生产和使用过程中不产生有害物质排放的能源，如水能、风能、太阳能等，其具有资源分布广、开发潜力大、环境友好等特点。近年来，化石能源资源供应日益紧张，人们对生态环境和气候变化等全球性问题的关注持续升温，因此大力发展清洁能源对于保障能源稳定供应、调整优化能源结构、保护生态环境、减少温室气体排放等具有重要意义。各国也都将发展清洁能源作为促进能源可持续发展的重要选择。

CHAPTER

2

风光储助力环保

　　中国已成为世界第一能源生产和消费大国。随着能源需求的不断增长，能源短缺及能源利用过程带来的环境污染问题，已成为制约生态文明建设的主要因素。风力发电、太阳能发电及储能发电以其突出的绿色环保特性得到越来越多的关注和认可。那么，它们是如何实现清洁生产的呢？国家风光储输示范工程又是如何做到清洁环保的？读完这一章，你将会对它们拥有一个全新的认识。

风力发电清洁友好

储量丰富，取之不尽的"聚宝盆"

风能是一种分布广、可再生、资源丰富的清洁能源。中国风能资源总的技术可开发利用量为7亿~12亿千瓦，其中陆地实际可开发量可达6亿~10亿千瓦，主要分布"三北"地区（东北、华北、西北）、东南沿海及附近岛屿。按照2016年中国全社会用电量59198亿千瓦·时计算，如果风能全部开发，每年只需发电2000个小时即可满足全国三分之一的用电量。如此丰富的风能资源成为了取之不尽的"聚宝盆"。

▲ 运行中的风机

清洁低碳，有害物质"零排放"

风能是完全的绿色能源，其利用过程对环境无污染，清洁，环保，因而风力发电被称为"蓝天白煤"。1台1兆瓦的风力发电机转动1小时，可产生1兆瓦·时的电量，可以减少0.8~0.9吨温室气体，1年可以减排二氧化碳2000吨、二氧化硫10吨、氮氧化物6吨，对环境的贡献相当于种植约2.6千米^{2}的树林。

名词解释

零排放

零排放是指无限地减少污染物和能源排放直至为零的活动，即利用清洁生产，3R（Reduce，Reuse，Recycle，减少原料、重新利用、物品回收）及生态产业等技术，实现对自然环境的完全循环利用，从而不给大气、水体和土壤遗留任何废弃物。

环境友好

大型风力发电机的噪声主要来源于发电机、齿轮箱的转动，桨叶切割空气，以及散热风扇产生的噪声。大规模兆瓦级风电场多建在荒山、戈壁滩或海边等人迹罕至之处，远离居民区，且随着与风机距离的不断加大，噪声水平也会逐渐降低，在500米外已基本听不到噪声。因此，风机的噪声基本不会对人们的生活造成影响。

▲ 风机成为风景

太阳能发电绿色生态

资源丰富，用之不竭的"加油站"

太阳能来自太阳辐射，是资源量最大、分布最为广泛的清洁能源。太阳一年辐射到地球表面的能量约116万亿吨标准煤，超过全球化石能源资源储量。太阳能发电发展潜力巨大，将成为未来世界的最主要能源。

成本降低，应用广泛

随着技术进步，光伏发电和光热发电成本快速下降，太阳能已成为增长最快的清洁能源。大规模集中式光伏电站、分布式屋顶光伏、光伏生态农业项目、空间站上太阳能帆板等不断进入人们的视野。特别是太阳能发电具有安全可靠、无噪声、无排放、无污染、无能源消耗等独特的环保优势，对保护人类生存居住环境，甚至是地球生态环境意义重大。

▲ 大规模集中式光伏电站

▲ 浙江桐乡"渔光互补"光伏电站

▲ 农家屋顶上的光伏发电装置

▲ 空间站上的太阳能帆板

清洁低碳，有害物质"零排放"

太阳能光伏发电过程不消耗燃料、不需要水源，不产生废气、废水、废渣等废弃物，不产生噪声污染，真正实现了清洁低碳，环境友好。

以国家风光储输示范工程为例。国家风光储输示范工程坐落于河北省张家口张北县，是目前世界上规模最大的集风电、光伏发电、储能及智能输电为一体的新能源示范工程，其拥有"三个最"：国内最大的网源友好型风电厂、国内容量最大的功率调节型光伏电站、世界规模最大的多类型化学储能电站。

张北县在太阳能资源"很丰富带"上，按照集中式光伏电站平均年等效利用小时数约为1500小时计算，一块2米^{2}的光伏组件发电功率为300瓦，则其年发电量约为450千瓦·时，相当于节约标准煤180千克，减排碳粉尘122.4千克、二氧化碳448.65千克、二氧化硫13.5千克、氮氧化物6.75千克。

▲ 国家风光储输示范工程

太阳能资源的衡量及等级划分

通常以总辐射、直接辐射和散射辐射的辐照度和辐照量来表征太阳能资源。辐照度是指在单位时间内投射到物体单位面积上接收到的辐射能，单位是瓦/米²；辐照量是指在给定时间段内辐照度的积分总量，单位是焦/米²。

中国太阳能资源总量等级划分及分布区域

名称	年总辐射辐照量（千瓦·时/米²）	年平均总辐射辐照度（瓦/米²）	占国土面积（%）	主要分布地区
最丰富带	≥1750	约≥200	约22.8	内蒙古额济纳旗以西、甘肃酒泉以西、青海100°E以西大部分地区、西藏94°E以西大部分地区、新疆东部边缘地区、四川甘孜部分地区
很丰富带	1400~1750	160~200	约44.0	新疆大部、内蒙古额济纳旗以东大部、黑龙江西部、吉林西部、辽宁西部、河北大部、北京、天津、山东东部、山西大部、陕西北部、宁夏、甘肃酒泉以东大部、青海东部边缘、西藏94°E以东、四川中西部、云南大部、海南
较丰富带	1050~1400	120~160	约29.8	内蒙古50°N以北、黑龙江大部、吉林中东部、辽宁中东部、山东中西部、山西南部、陕西中南部、甘肃东部边缘、四川中部、云南东部边缘、贵州南部、湖南大部、湖北大部、广西、广东、福建、江西、浙江、安徽、江苏、河南、台湾、香港、澳门
一般带	<1050	约<120	约3.3	四川东部、重庆大部、贵州中北部、湖北110°E以西、湖南西北部

地域不限，布局灵活多样

光伏发电利用的是直射光、散射光，安装区域选择较大，几乎不受资源分布地域的限制，到处都可以找适合落脚的空间，从西北的荒漠到北方的草原，从西南的荒山野岭到东部的万顷良田，从沿海的盐碱地到偏远海岛，从河流鱼塘、煤矿塌陷地、农业大棚到城市的工厂厂房及家庭屋顶等，只要是阳光充足的地方，都可以为光伏发电设备安营扎寨。

▲ 建在河塘中的光伏电站

▲ 厂房屋顶的光伏发电

光伏发电还可以很方便地与建筑物结合，构成光伏建筑一体化发电系统，因地制宜、清洁高效、分散布局、就近利用，不需单独占地，节省宝贵的土地资源。另外，分布式光伏还可以安装在屋顶和墙壁等外围护结构上，将吸收的太阳能转化为电能，实现节能减排。

  知识链接

分布式光伏发电

分布式光伏发电是指在与公用电网联结的电力用户附近安装太阳能光伏发电设备，其所发电力首先供用户自己的负载消纳，多余电力馈入电网，不足电力由电网提供的太阳能光伏利用方式。

分布式光伏发电系统适于安装在以下地点：

工业领域厂房：通常厂房屋顶面积很大且开阔平整，适合安装光伏阵列。由于用电负荷较大，分布式光伏并网系统可以做到就地消纳，抵消一部分网购电量，从而节省用户的电费。

商业建筑：商业建筑多为水泥屋顶，有利于安装光伏阵列，但是往往对建筑美观性有要求，按照商厦、写字楼、酒店、会议中心、度假村等服务业的特点，用户负荷特性一般表现为白天较高，夜间较低，能够较好地匹配光伏发电特性。

农业设施：农村有大量的可用屋顶，包括自有住宅、蔬菜大棚、鱼塘等，农村往往处在公共电网的末梢，电能质量较差，在农村建设分布式光伏系统可提高用电保障和电能质量。

边远农牧区及海岛：由于距离电网遥远，西藏、青海、新疆、内蒙古、甘肃、四川等省份的边远农牧区以及沿海岛屿还有数百万无电人口，离网型光伏系统或与其他能源互补的微网发电系统非常适合在这些地区应用。

保护生态，维护生物多样性

　　光伏组件遮盖的土地土壤水分蒸发量减小，土壤湿度有所提高，近地表空气昼夜温差缩小，这些空气、土壤、温湿度条件综合在一起，有助于土壤涵养水分和微生物及植被的滋养，对于改善光伏电站局地生态环境起到积极作用。同时，由于光伏组件为动物提供了安稳的居所，它们的粪便等带来的植物种子还能丰富当地植物的多样性。

　　光伏发电的电缆敷设一般采用隐蔽结构，不破坏原有的建筑和环境。另外，采用螺旋管装为基础的光伏方阵支架形式，由于就地势地貌而建，对原有地面破坏很少，真正实现了土地使用上的经济环保。

　　国家风光储输示范工程中的光伏电站还增设了雨水收集系统，每年雨水收集量可达3万米^3，不仅能满足清洗用水需要，多余的水还可用于站内绿化。另外，对光伏电站进行全面土地整治，外购25万米^{3}腐殖土并回填间隙区域，加厚活土层，相当于把848亩贫瘠土地改造成为1150亩优质土地。

▲ 光伏组件促进改善局地生态环境

电能储存灵活应用

　　风能、太阳能等新能源的绿色环保性得到大家的认可，但它们也有随机性、波动性、间歇性等特点，使得其大规模的并网消纳为电力系统带来巨大挑战，就像一个淘气的孩子。储能系统就好比是慈母严师，驯服了他们的坏脾气，将"调皮鬼"变成了"乖孩子"。从此，"乖孩子"们互帮互助，取长补短，共同为绿水青山贡献出自己的最大力量。

保证电网稳定运行

　　风力发电、太阳能发电易受到地理条件和天气影响，发电功率难以保证平稳，从而会对电网的安全可靠造成严重影响。安装储能装置后，在发电量充沛时，多余电量可以通过储能装置存储起来；在晚上、弱风、阴天等发电量不足情况下，释放电量以满足负荷要求，从而减少弃风、弃光现象，提高清洁能源发电利用率。

　　太阳能路灯利用储能装置，白天太阳能电池板给蓄电池充电，晚上蓄电池向路灯供电，安全节能、无污染，无需人工操作，实用又环保。

▲ 太阳能路灯

提高能源利用效率

分布式发电的运行方式为用户侧自发自用、多余电量上网，充分利用当地清洁能源，替代和减少化石能源消费。当分布式发电系统中加入化学储能系统，不仅可以改善清洁能源发电的电能质量问题，还可以保证在夜间、无风时，持续向用户供电，起到过渡作用，提高供电可靠性。

海岛风光储柴综合发电系统就是如此。海岛远离大陆，岛上居民用电多靠柴油发电机提供的电力，稳定性和可靠性差，甚至出现断水断电的情况。风光储柴综合发电模式利用风能和太阳能光伏互补的特性，增加了系统的稳定性和可靠性；通过储能系统的调节作用提高能源利用率；同时，储能系统和柴油发电机都可作为独立电源供电，从而减少柴油发电机的启动时间，减少耗油量，可以做到全过程低污染甚至无污染排放，实现节能减排、保护环境的目的。

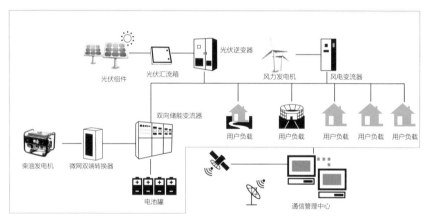

▲ 海岛光伏+风能+储能+柴油机发电综合应用微并网系统原理图

问与答 ?

问题1：什么是"零排放"？

答：零排放是指无限地减少污染物和能源排放直至为零的活动，即利用清洁生产，3R（Reduce，Reuse，Recycle，减少原料、重新利用、物品回收）及生态产业等技术，实现对自然环境的完全循环利用，从而不给大气、水体和土壤遗留任何废弃物。

问题2：什么是清洁生产？

答：清洁生产是指减少或者避免生产、服务和产品使用过程中污染物的产生和排放的一种生产方式。与传统的污染物末端控制相比，清洁生产更加强调从设计、能源和原材料选用、工艺技术、设备、管理等生产和服务的各个环节的源头及生产全过程控制污染，同时提高污染物治理和资源利用的效率和效益。实施清洁生产的措施包括改进设计、使用清洁的能源和原料、采用先进的工艺技术与设备、改善管理、综合利用等。

问题3：什么是分布式光伏发电？

答：分布式光伏发电是指在与公用电网连接的电力用户附近安装太阳能光伏发电设备，其所发电力首先供用户自己的负载消纳，多余电力馈入电网，不足电力由电网提供的太阳能光伏利用方式。

CHAPTER

3

能源转型与
节能减排

要解决能源危机和能源对环境污染的问题，必须走清洁发展道路，实施从传统能源到清洁能源的转型。如何能够清洁、高效、绿色地使用能源与每个人都息息相关，地球一小时、屋顶光伏发电、共享单车……都在为实现"蓝天白云"贡献着自己的智慧和力量。你是否想过，节能减排到底节了什么？减的又是什么？生活中我们还能为保护环境做出哪些努力？

能源转型

清洁替代

清洁替代是指在能源开发上，以清洁能源替代化石能源，走低碳绿色发展道路，逐步实现从化石能源为主、清洁能源为辅向清洁能源为主、化石能源为辅转变。

燃烧1吨标准煤的原煤、原油、天然气将分别产生二氧化碳约2.77、2.15、1.64吨，照此发展到21世纪末全球温升可能大幅提升。因此，实施清洁替代，可减少碳排放，缓解化石能源开发利用引发的全球气候变化。

在现有技术条件下，每千瓦时风电或光伏发电替代煤电大约可减排二氧化硫2.2克，减排氮氧化物2.0克，减排粉尘0.38克。因此，实施清洁替代，可解决化石能源开发利用导致的大气、土壤、水质等环境污染问题。

2013年中国风电发电量1400亿千瓦·时=减排二氧化硫30.8万吨=减排氮氧化物28.0万吨=减排粉尘5.3万吨

清洁替代已成为了国际共识。

➤欧盟2007年制定"20-20-20"战略，提出到2020年将温室气体排放量在1990年基础上减少20%，可再生能源占一次能源消费的比例在2006年8.2%基础上提高到20%，能源利用效率提高20%。

➤2014年1月，欧盟委员会发布《2030年气候和能源框架》，进一步提出到2030年温室气体减排40%，可再生能源比重至少达到27%。

➤美国2009年通过《清洁能源与安全法案》，首次提出国家减排方案，同时也正式提出了国家层面的可再生能源目标，即在2020年以可再生能源和能效改进的方式满足电力需求的20%，其中15%由风能、太阳能和生物质能等可再生能源来实现。

➤2014年6月，美国环保署公布了到2030年全国发电厂减少碳排放量30%的计划。

➤日本在福岛核泄漏事故后，重新权衡核电在电力供应中的地位，可再生能源将成为日本能源发展的重点。

➤除发达国家外，发展中国家也对可再生能源给予了极大重视。从全球看，目前已经有120多个国家制定了相关的法律、法规或行动计划，通过立法的强制性手段保障可再生能源战略目标的实现。开发利用可再生能源已成为国际上大多数国家的战略选择。

电能替代

电能是清洁、高效、便捷的二次能源，终端利用率高，使用过程清洁、零排放。电能替代是指在能源消费上，以电能替代煤炭、石油、天然气等化石能源的直接消费，提高电能在终端能源消费中的比重。当电磁炉替代了伐薪烧炭，当电采暖替代了小煤炉，当电动汽车替代了燃油汽车，二氧化碳的排放减少了，空气清新了，留给我们的是更多的绿水青山。

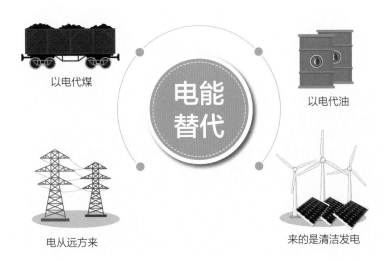

以电代煤　　电能替代　　以电代油

电从远方来　　来的是清洁发电

以电代煤，是指在能源消费终端用电能替代直接燃烧的煤炭，显著减轻环境污染。目前，电采暖、热泵、电窑炉、电炊具等用电技术已经具备了较为成熟的基础，具备以电代煤的基础。预计到2020年，中国通过实施以电代煤，每年可减少二氧化硫排放约32万吨，减少氮氧化物排放约26万吨，减少PM2.5约1.3万吨。随着电能替代技术的发展，预计到2030年，能源消费总量控制在60亿吨标煤以内，单位国内生产总值二氧化碳排放比2005年下降60%～65%。

以电代油，主要是指在电动汽车、轨道交通、港口岸电等领域用电能替代燃油。电动汽车的能源利用效率是燃油汽车的1.5~2倍，同时还具有"零排放"的优势。根据预测，2020年中国汽车

知识链接

机场"以电代油"

机场"以电代油"是指在飞机停靠地面时，利用机场桥载设备为飞机提供电力，不使用飞机上燃油辅助动力装置（APU）发电。飞机停靠后就可以熄火，廊桥就好比一个"充电宝"。通过这样的"以电代

▲ 机场桥载设备为飞机供电

油"，可以进一步加大地面设备的利用效率，减少航空燃油消耗和空气污染，大幅降低运行费用，提高能源利用水平。届时乘客通过廊桥登机时将不再听到"嗡嗡"响声，而是在"静音模式"中完成整个等待过程。

以天津滨海机场为例，每年约9万架次航班靠桥停泊，使用桥载设备APU替代一年节省的航空燃油可满足中型干线飞机飞行约125万千米，相当于绕赤道30多圈。

保有量将超过2亿辆；假设电动汽车保有量达到500万辆，按照每辆汽车每年行驶2万千米、平均每百千米10升油耗计算，500万辆电动汽车每年可以减少汽油消耗约710万吨，减少二氧化碳排放约1500万吨。

　　电从远方来，来的是清洁发电。电力供应低碳化是解决全球气候变化的根本出路。中国能源资源与负荷中心逆向分布，决定了"电从远方来"的基本格局，而"来的是清洁发电"则是从化石能源为主向清洁能源为主的能源转型。加大规模开发西部和北部的水电、风电、太阳能发电等清洁能源，降低火电的比重，并以清洁电力输送为主体打捆外送至东中部地区，用输电替代输煤，既保障东中部的电力供应，且能避免煤电运紧张、环境污染等一系列问题，其中截至2016年8月9日，云南西电东送累计送电量突破5000亿千瓦·时，达5004亿千瓦·时，其中约75%为水电等清洁能源。

知识链接

电能替代技术

　　电采暖：通电后将电能向热能转换并辐射热量的采暖方式。

　　热泵：能够实现低温热源向高温热源的能量传递，将低温热源的热量提升为高温位热量，具有可再生、高效节能、环保无污染、应用范围广等特点。根据热量来源不同，主要包括地源热泵、水源热泵和空气源热泵。

　　蓄热式电锅炉：在夜间用电低谷期间将电能转化为热能，并以显热或潜热的形式储存起来，在用电高峰期释放储藏的热量满足采暖的需要，节省电费、减轻电力负荷。主要分为水蓄热电锅炉和固体蓄热电锅炉。

　　蓄冷空调：利用峰谷期间电力供制冷机运转，以低温冷冻水或冰的形式储存冷量，在用电高峰期间将其作为制冷源为空调制冷。具有节约成本、节能可靠等特点。

节能减排

　　节能减排是指节约物质资源和能量资源，减少废弃物和环境有害物（包括废气、废水、废渣和噪声等）排放。节能减排节约的是能源，减少能源消耗，提高能源使用效率；减少的是污染物排放，包括废水、废气、废渣、有害气体、噪声等。

　　节能减排贯穿能源生产到消费的各个环节，其最终目的是采取技术上可行、经济上合理及社会和环境可以接受的措施，降低能源消耗，减少污染物排放，更加合理、有效地利用能源。

知识链接

生活中的节能减排小窍门

➤ 绿色家居：用完电器及时拔下插头；让衣服自然晾干；设置适宜的空调温度；冰箱内存放不超过总容积80%的食物；垃圾分类处理和回收……

➤ 绿色出行：选择自行车和公共交通工具出行；购买和使用电动汽车……

➤ 保护森林：无纸化办公；使用电子对账单；外出自带碗筷，减少使用一次性木筷子；多植树，为装扮绿色地球贡献力量……

➤ 珍惜淡水：使用节水型水龙头和马桶；使用无磷洗涤剂；利用中水冲洗车辆或马桶；外出时自带水杯；将未喝完的瓶装水带走……

工业领域节能减排

　　工业领域节能包括加快调整工业结构、淘汰工业落后产能、降低工业产品能耗，提高工业能源利用效率。电力工业是节能减排的重点领域。相对于大型燃煤机组而言，小机组的单位耗煤量和单位排污量都较大。因此，实施"上大压小"是实施电力领域节能减排的重要举措。

　　"上大压小"是指在建设大容量、高参数、低消耗、少排放机组的同时，相对应地关停一部分小火电机组，主要目的是降低能源消耗，减少污染排放，压缩落后生产能力。

建筑领域节能减排

　　建筑能耗占全球能源消耗总量的30%，未来随着人民生活水平的提高和城镇化进程的推进，建筑能耗占全社会能耗总量的比重还将不断增长。在城市规划和建筑规划之初就必须考虑节能问题，避免因规划环节考虑不周造成"短命建筑"。

　　光伏建筑一体化是将太阳能光伏发电方阵安装在建筑的围护结构外表面来提供电力，这些电力不仅满足建筑自身使用，余量电力还可通过电网进行销售获利。2008年奥运会体育赛事的国家游泳中心和国家体育馆等奥运场馆中，采用的就是光伏方阵与建筑结合的太阳能光伏并网发电系统，这些系统年发电量可达70万千瓦·时，相当于节约标准煤170吨，减少二氧化碳排放570吨。

▲ 北京雁栖湖2014APEC主会场光伏车棚
（汉能控股集团提供）

光伏建筑一体化——上海世博中心

　　中国上海世博中心从节能、节水、节材、节地等环节统筹安排资源和能源的节约、回收和使用，采用大面积透明玻璃幕墙，降低建筑能耗；利用"光伏建筑一体化"技术，通过与城市供电系统并网向电网供电，实现节能减排；运用冰蓄冷、雨水收集等新型能源转换技术，减少运行费用，节省水资源。

　　世博中心每年节约的能耗相当于2160吨标准煤（相当于解决了上海1万多居民一年的总用电量），年减少二氧化碳排放5600吨，年节约自来水16万吨（相当于解决了上海1万多居民一年的用水量）。

▲ 上海世博中心光伏建筑一体化

交通领域节能减排

　　交通运输是中国节能减排的重点领域之一，交通运输行业能源消费量约占全社会能源消费总量的8%，三分之一以上的汽柴油等石油制品消耗在交通运输领域。因此，提高交通行业的电气化水平，以电代油，可以减少石油消费，减少环境和污染问题。

　　电动汽车相比传统燃油汽车具备显著的节能减排和环保优势，借助电动汽车和电网互联技术，大规模使用电动汽车不仅能够直接降低汽车使用周期内的能源消耗及二氧化碳和其他污染物排放，还可以促进风能、太阳能等清洁能源发展。截至2017年底，国家电网已建成"九纵九横两环"高速公路快充网络，车联网平台累计接入充电桩17万个。此外，电气化铁路作为现代化的运输方式，用电力作为牵引动力，替代传统的对燃油的直接消费，直接排放接近于零，对节能减排和低碳环保做出了贡献。

▲ 电动汽车正在充电

光伏公路——电动汽车的"移动充电宝"

2017年底，济南南绕城高速成为全球首条承载光伏路面研发与铺设的高速公路。这条路面晒晒太阳就能发电，电动汽车跑在上面就能充电，下雪后还能自行融化路面积雪……光伏路面上不仅能承载小型电动汽车的行驶，也能承载中型货车的行驶。车辆行驶在光伏路面上与普通沥青路面没有明显差异。

该路面使用的技术被称为承载式光伏路面技术，是将符合车辆通行条件的光伏发电组件直接铺设在道路路面上，路面表层被称为"透明混凝土"，其技术指标和通行安全系数均超过当前普遍使用的沥青混凝土路面。

国际合作共赢

开发使用能源所导致的温室效应和环境破坏让全人类认识到不断逼近的危险，仅凭一国之力难以应对，于是各国携起手来开展能源与环境合作。

1972年6月，联合国在瑞典斯德哥尔摩召开了人类有史以来第一次人类与环境会议，讨论并通过了著名的《人类环境宣言》，从而揭开了全人类共同保护环境的序幕。

1992年5月9日，联合国政府间谈判委员会就气候变化问题达成一致，制定《联合国气候变化框架公约》。这是世界上第一个为全面控制二氧化碳等温室气体排放，以应对全球气候变暖给人类经济和社会带来不利影响的国际公约，也是国际社会在对付全球气候变化问题上进行国际合作的一个基本框架。目标是减少温室气体排放，减少人为活动对气候系统的危害，减缓气候变化，增强生态系统对气候变化的适应性，确保粮食生产和经济可持续发展。

1997年12月，在日本京都达成了《京都议定书》，并于2005年2月16日正式生效。这是人类历史上首次以法规的形式限制温室气体排放，温室气体减排成为发达国家的义务。《京都议定书》设计的清洁发展机制（CDM）为温室气体减排提供了一个双赢的长期行动框架。该机制允许发达国家在发展中国家开展减排项目来获取减排信用。它既可以使发达国家降低减排的成本，同时又使发展中国家通过项目合作，获得相应的资金和技术支持。

2016年11月4日，《巴黎协定》正式生效，是继1992年《联合国气候变化框架公约》、1997年《京都议定书》之后，人类历史上应对气候变化的第三个里程碑式的国际法律文本，形成2020年后的全球气候治理格局。

地球一小时

　　"地球一小时"也称"关灯一小时"，是世界自然基金会在2007年向全球发出的一项倡议：呼吁个人、社区、企业和政府在每年三月最后一个星期六20：30~21：30期间熄灯一小时，以此来激发人们对保护地球的责任感，以及对气候变化等环境问题的思考，表明对全球共同抵御气候变暖行动的支持。这是一项全球性的活动，世界自然基金会于2007年首次在悉尼倡导之后，以惊人的速度席卷全球，大家都来参加这个活动。

▲ 巴黎举行"地球一小时"活动

问题1：节能减排节约的是什么？减少的是什么？

答：节能减排节约的是能源，减少的是能源消耗和污染物的排放量，包括减少废水、废气、废渣、有害气体和噪声的排放。节能减排贯穿能源生产到消费的各个环节，其最终目的是采取技术上可行、经济上合理及社会和环境可以接受的措施，降低能源消耗，减少污染物排放，更加合理、有效地利用能源。

问题2：什么是清洁替代？什么是电能替代？

答：清洁替代是指在能源开发上，以清洁能源替代化石能源，逐步实现从化石能源为主、清洁能源为辅向清洁能源为主、化石能源为辅转变。电能替代是指在能源消费上，以电能替代煤炭、石油、天然气等化石能源的直接消费，提高电能在终端能源消费中的比重。

问题3：生活中有哪些节能减排小窍门？

答：

➢绿色家居：用完电器及时拔下插头；让衣服自然晾干；设置适宜的空调温度；冰箱内存放不超过总容积80%的食物；垃圾分类处理和回收……

➢绿色出行：选择自行车和公共交通工具出行；购买和使用电动汽车……

➢保护森林：无纸化办公；使用电子对账单；外出自带碗筷，减少使用一次性木筷子；多植树，为装扮绿色地球贡献力量……

➢珍惜淡水：使用节水型水龙头和马桶；使用无磷洗涤剂；利用中水冲洗车辆或马桶；外出时自带水杯；将未喝完的瓶装水带走……

索 引